LE SOMMEIL

DES PLANTES.

LE SOMMEIL

DES PLANTES,

ET

LA CAUSE DU MOUVEMENT

DE LA SENSITIVE,

EXPLIQUÉS PAR M. J. HILL,

Dans une lettre à M. de Linné, Profeſſeur de Botanique, à Upſal.

Ouvrage traduit de l'Anglais.

PAR M. ***. Eidous.

A GENEVE.

Et ſe trouve

A PARIS,

Chez J. P. COSTARD, Libraire, rue S. Jean-de-Beauvais.

M. DCC. LXXIII.

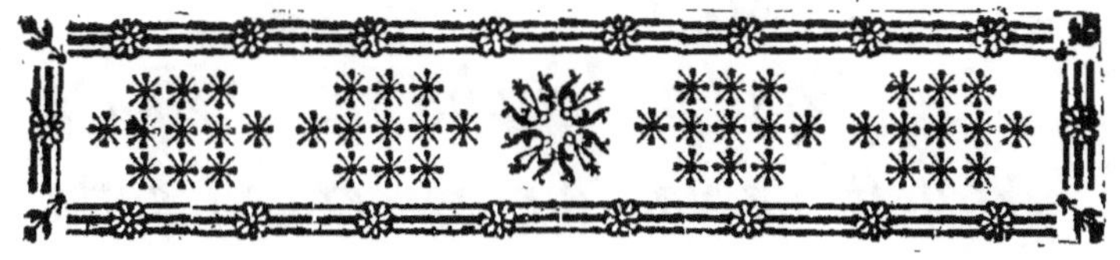

AU ROI

D'ANGLETERRE.

Sire,

L'accueil favorable dont Votre Majesté a daigné honorer le dernier ouvrage que j'ai pris la liberté de lui présenter, & les faveurs dont Elle m'a comblé dans cette occasion, exigent ma reconnoissance, & m'imposent le devoir de la respecter sous la double qualité de Souverain & de Protecteur.

Je supplie humblement Votre Majesté de vouloir agréer ce second témoignage du profond respect dont je suis pénétré.

La découverte qui fait le sujet de cet ouvrage, quelque légere & peu importante qu'elle paroisse à ceux qui ignorent le pouvoir de la Nature, mérite d'autant plus l'attention des curieux, qu'on a regardé pendant plusieurs siecles la solution de ce problême comme impossible.

On pourra peut-être oublier un jour le nom de celui qui l'a faite, mais on se souviendra à jamais qu'on la doit à la protection dont Votre Majesté honore les Sciences, & que dans un tems où l'Europe éprouve les horreurs d'une guerre

meurtriere, *Elle procure à ſes Sujets un repos qui les met en état de
s'appliquer à l'étude de la philo-
ſophie.*

*Veuille le Tout - Puiſſant pro-
longer le regne de Votre Majeſté
pour le bonheur de ſes fideles Sujets.
C'eſt la priere que lui adreſſe conti-
nuellement dans la ferveur de ſon
ame,*

SIRE,

DE VOTRE MAJESTÉ,

Le très-humble &
très - fidele Sujet
JEAN HILL.

AVERTISSEMENT.

Le public me pardonnera sans peine le ſtyle dans lequel cet ouvrage eſt écrit, lorſqu'il ſaura qu'il le doit au haſard. Il n'étoit, dans ſon origine, qu'une ſimple lettre à un Naturaliſte étranger.

Le genre épiſtolaire ſouffre une certaine familiarité qui ſeroit inſupportable dans un ouvrage deſtiné pour le public, parce qu'il marqueroit trop d'orgueil & trop d'amour-propre de la part de l'Auteur; j'eſpere que l'éclairciſſement que je viens de donner me mettra à couvert de ce reproche. Perſonne ne connoît mieux que moi les bornes étroites de l'esprit humain, & n'exige moins de reconnoissance de son travail.

Les expériences qui ont donné lieu à cet ouvrage sont d'autant plus intéressantes pour les Botanistes, qu'on a ignoré jusqu'ici que les changemens que la nuit & le toucher operent sur les plantes dormeuses & sur la Sensitive, sont à notre disposition, & qu'on peut les opérer à toute heure sans que la main y intervienne.

Comme il ne s'agit que d'ôter la cause qui les tient éveillées & dévelopées, on conviendra avec moi qu'on est enfin venu à bout de la découvrir. C'est en cela que consiste ma découverte, & elle

eſt exactement telle que je l'an-
nonce.

Bien des gens regarderont peut-
être le terme de ſommeil, dont
je me ſers, comme un terme im-
propre, & blâmeront l'applica-
tion que j'en fais ; mais on me
permettra de l'employer dans une
lettre écrite à la perſonne qui l'a
employé le premier.

C'eſt l'amour de la vérité qui
m'a engagé à le conſerver & à inſé-
rer dans mon ouvrage les particu-
larités qui ont donné lieu à cette
apologie. C'eſt elle encore qui
m'a obligé à publier ma lettre
telle que je l'ai écrite ; outre qu'en
agiſſant de la ſorte je me ſuis
épargné la peine de la recopier

pour satisfaire à l'empreſſement d'un petit nombre de perſonnes qui ont voulu l'avoir dans ſa forme originale.

LE SOMMEIL

DES PLANTES.

AU CÉLEBRE LINNÆUS.

Vous ne ferez point furpris, Mon-
fieur, qu'un étranger s'adreffe à vous,
lors fur-tout qu'il eft queftion de fcience.
Peut - être ne vous êtes - vous point
attendu à recevoir une lettre de ma
part ; mais je croirois vous faire tort de
fuppofer que vous ne l'avez point de-
firée. Nous courons tous deux depuis
long-tems la même carriere ; & j'aurois
par conféquent tort de paffer votre nom

A

fous filence. Nous ne différons que fur un feul point; favoir, la diftribution des Plantes; mais j'admire les diftinctions que vous en faites, & les caracteres que vous leur affignez; & vous contredire là-deffus, ce feroit vouloir démentir la nature.

Auffi peu fufceptible d'envie que de crainte, j'ai ufé de la même liberté dans mes éloges & dans mes critiques. C'eft par - là qu'on peut perfectionner les fciences, &, permettez-moi de le dire, c'eft ainfi que les honnêtes gens doivent en ufer entr'eux. Je fuis perfuadé que vous avez toujours regardé ma conduite à votre égard dans ce point de vue; que vous avez lu avec le même fang froid la critique de l'*Herbier Britannique*, lorfque je me fuis chargé d'examiner les fyftêmes & les éloges que j'ai donné à l'*Eden*, lorfque j'ai examiné les caracteres des genres, & les diftinctions des efpeces, & que vous recevrez mes idées avec plus de satisfaction que les éloges de vos disci-ples, ou les fades applaudissemens de ceux qui n'entendront point vos écrits.

Les systêmes sont vagues & ne signi-fient rien ; mais ces distinctions sont in-variables, & l'on peut faire une infinité de distributions d'après les découvertes que vous avez faites. Vous avez plus fait vous seul, dans cette partie essen-tielle de la Botanique, que tous ceux qui vous ont précédé, & je suis con-vaincu que vous ne me saurez pas mau-vais gré de relever avec la même liberté ce qu'il y a de bon & de défectueux dans vos ouvrages, vu que la malignité n'y a aucune part, & que votre répu-tation est solidement établie ; car j'ai souvent dit, & d'autres en sont conve-nus avec moi, que votre systême répu-gne à la nature, quoique vos caracteres soient les mêmes.

Telle est l'opinion que j'ai de vous,

& c'eſt dans cette confiance que je vous envoie ce Traité , dans lequel je tâche d'expliquer la cauſe d'une qualité des Végétaux , dont perſonne n'a encore obſervé les effets avec plus de ſoin & d'exactitude que vous.

SECTION I.

On a obſervé depuis long-tems que les feuilles de certaines plantes prennent la nuit une diſpoſition différente de celle qu'elles ont pendant le jour. *Acoſta* a remarqué cette propriété dans le *Tamarin*. *Alpinus* , dans ce même arbre , dans l'*Abrus* (*a*) & dans pluſieurs autres plantes d'Egypte , & vous avez la même obſervation ſur pluſieurs plantes de l'Europe.

(*a*) Eſpece de feve d'Egypte. (*)
(*) *Glycine foliis pinnatis conjugatis , pinnis ovatis, oblongis , obtuſis.*

Cet Auteur croit que la nature a employé cet expédient pour garantir des injures de l'air les parties les plus nobles telles que les fleurs & les fruits & il se fonde sur ce que les feuilles du Tamarin servent comme d'enveloppe aux bourgeons.

Ray a rejetté cette opinion, quoiqu'il convienne du fait, & vous l'avez adoptée. Il me paroît que ce changement est un effet naturel qui résulte des propriétés communes des corps, & de leurs opérations réciproques, & que l'Auteur de la nature l'emploie dans plusieurs cas pour cette fin importante.

Les Auteurs modernes ont poussé plus loin cette découverte, mais vous l'emportez sur eux à cet égard, & je suis persuadé que vous vous ferez un plaisir de m'aider dans cette recherche.

Le public ne peut que vous savoir gré d'avoir suivi les pas de la nature, & de lui avoir communiqué vos observations. Rapporter ces faits, c'eſt donner l'hiſtoire de la nature ; mais on peut aller plus loin ; & malgré la foibleſſe de l'eſprit humain, il ne faut quelquefois que de la hardieſſe pour découvrir leurs cauſes.

Pluſieurs Naturaliſtes ſe ſont efforcés de découvrir la cauſe de cette propriété des Végétaux, mais ſans pouvoir y réuſſir. Quelques-uns l'ont regardée comme l'effet du froid & du chaud ; mais on eſt revenu de cette erreur depuis qu'on s'eſt apperçu qu'elle a également lieu dans les ſerres, où la température de l'air eſt toujours la même.

D'autres l'ont attrribuée à la bonne & à la mauvaiſe diſpoſition de la plante ; mais cette opinion n'eſt pas plus vraie que ce que vous avancez, qu'elle eſt plus ſenſible dans les jeunes plantes que dans les vieilles.

On va voir par les expériences ſuivantes que les plantes dormeuſes & les plantes senfitives ont beaucoup d'affinité entr'elles ; que leurs mouvemens, quoique différens , dépendent du même principe ; que plufieurs dormeufes ont à peu près les mêmes qualités que les fenfitives ; & que ces dernieres en ont qui leur font propres.

Ce que je viens de dire prouve la connexion des fujets , & cette connexion conduit à la découverte de la caufe de leur mouvement , ainfi qu'on va le voir par les expériences fuivantes.

Si je puis fermer les feuilles de *l'A-brus* à midi , & les rouvrir lorfqu'il me plaira, vous conviendrez, je penfe, que je connois la caufe de leur changement de pofition. Si je puis fermer de même celles de la fenfitive fans les toucher , en écartant la caufe qui les tient droites & ouvertes , vous conviendrez auffi que je connois la caufe de leur mouvement.

Nous connoiffons toujours la caufe

des effets que nous fommes en état de produire ; & les expériences font la véritable pierre de touche du raifonnnement.

SECTION II.

NOUS voyons plufieurs plantes dont les feuilles fe ferment à l'entrée de la nuit. Le fait eft auffi évident qu'il eft extraordinaire ; mais on fait que tout effet a une caufe, & il faut la découvrir, non point par des conjectures vagues, mais par la connoiffance qu'on a des propriétés des corps , & de l'influence qu'ils ont dans différens cas les uns fur les autres.

Il eft aifé de connoître la ftructure des plantes, & fur-tout celle de leurs feuilles ; il ne faut pour cet effet qu'un bon microfcope ; car on découvre, par fon moyen , leurs plus petits vaiffeaux.

Entre les deux pellicules de la feuille,

qui font des continuations de l'enve=
loppe extérieure de la tige, rampent une
infinité de groſſes fibres , & quantité de
petites dont la forme eſt extrêmement
variée.

Les plus gros vaiſſeaux font d'une
ſubſtance ligneuſe , creux, & vont en
diminuant à commencer de la baſe de
la feuille. Ils ſe réuniſſent dans le pétiole , & c'eſt la moëlle de l'arbre qui
les fournit.

Ils ſervent à ſoutenir la feuille dans
ſa poſition naturelle , & cette poſition
change lorſque quelque cauſe externe
ou interne les affecte.

Telle eſt la ſtructure de la partie ſou-
miſe à l'influence dont je parle; il ne
s'agit plus que de connoître ce qui l'affecte, & pour y parvenir il nous reſte
à examiner ce qui a le pouvoir de le
faire.

Les feuilles ainſi conſtruites , font
toujours environnées d'air , & ſoumiſes

à l'action de la chaleur, de la lumiere & de l'humidité. Comme l'air varie sans cesse, on doit regarder les altérations qu'il éprouve comme les causes subordonnées du changement en question.

Ce sont-là les seules choses qui agissent & influent sur les plantes. Les corps n'agissent sur les corps qu'en les touchant; & c'est parmi ces agens qu'on doit chercher la cause du changement dans les feuilles. Ils sont naturellement compliqués, & il y a des occasions où ils agissent tous ensemble. Il faut donc observer, 1°. les effets qui résultent de leurs combinaisons mutuelles dans leur état naturel; & après avoir assigné dans ces cas l'effet qui provient de cette cause particuliere, en déduire les opérations de l'agent, quel qu'il puisse être, qui agit de concert avec les autres.

SECTION III.

C'EST dans les feuilles aîlées , qui
font compofées de plufieurs lobes ,
ou de feuilles plus petites portées par
un même pétiole , que ce changement
de pofition eſt fur-tout remarquable.
Tenons-nous donc à celles-ci.

Les quatre agens dont je viens de
parler font répandus dans tout l'univers ;
mais leurs opérations varient felon la
différence des climats. Dans le nôtre ,
qui eſt tempéré , les plantes qui ont des
feuilles aîlées , ont leurs lobes paralle-
les à l'horizon , & montrent peu de fen-
fibilité à cet égard. Dans les régions
orientales, où la chaleur eſt plus grande ,
ces lobes ont la pointe tournée en haut
& changent aifément de pofition. La
plupart de celles d'Egypte en changent.
Dans les contrées feptentrionales , au

contraire , leur position n'est presque jamais horizontale, & ne change presque jamais.

Telles sont les différentes apparences de ces parties des plantes dans les climats chauds, tempérés & froids. Les mêmes observations nous montrent qu'elles ne sont pas moins affectées dans le même royaume dans les saisons seches & pluvieuses. Dans les endroits où les pluies sont fort fréquentes , un changement de position dans les plantes ailées , est sûr & immanquable. Celles dont les lobes forment dans le beau tems un angle obtus en dessus , en forment un pareil en dessous dans les tems pluvieux.

Telles sont les observations des voyageurs , & elles ont été confirmées par les Botanistes qui ont été sur les lieux. Les premiers attribuent ces effets à la chaleur , & les seconds à l'humidité ; mais on s'est convaincu du contraire.

On a vu ci-deſſus qu'il arrive la même
choſe aux plantes qui ſont dans des ſerres où la chaleur eſt toujours la même;
& j'ai éprouvé que l'humidité ne produit non plus aucun effet ſur elles. J'ai
arroſé quelques plantes au point de les
noyer, j'en ai laiſſé d'autres à ſec, & je
n'y ai apperçu aucun changement. Leurs
feuilles ſe ſont ouvertes & épanouies
le matin, & ſe ſont fermées le ſoir à la
même heure & dans le même degré.

Il ſuitde-là que deux de ces quatre
agens naturels, ſavoir; la chaleur &
l'humidité, n'ont aucune part à cet
effet. L'air eſt trop univerſel, & dépend
trop de celles-ci pour pouvoir l'admet-
tre dans notre examen. Il faut donc s'en
tenir à la lumiere, & je me ſuis con-
vaincu par pluſieurs expériences, que
le changement de poſition dans les feuilles des plantes dans les différens pério-
des du jour & de la nuit, provient de
cet agent. Telle eſt la découverte que

je me flatte d'avoir faite , & je vais tâcher de prouver qu'elle eſt fondée ſur la raiſon , & appuyée des expériences.

Cet effet n'a rien d'extraordinaire lorſqu'on l'examine avec attention. En excluant les cauſes ſuppoſées , j'ai découvert la véritable ; car il n'y en a point d'autres ; & ſi l'on examine le ſujet , d'après les principes que je viens d'établir , on ſe convaincra que l'effet dont il s'agit n'eſt que celui de la lumiere.

Ce ſont-là les découvertes marquées du ſceau de la vérité ; que la raiſon dicte , & que les expériences confirment.

SECTION IV.

JE me ſuis propoſé de découvrir le principe caché de ce changement , dans les qualités des corps, & de leurs opérations mutuelles.

J'ai montré quelle est la structure des feuilles en général, & il convient maintenant de s'attacher à quelqu'une en particulier. Prenons pour cet effet une plante d'Egypte puisque c'est dans celles-ci que l'effet est le plus sensible , & entr'autres l'*Abrus* , dont les anciens Botanistes ont tant parlé.

La feuille de cette plante est composée de treize paires de lobes , attachées par des pétioles courts & minces, à la côte du milieu , & celle-ci à la principale tige de la plante.

En examinant la structure interne avec le microscope , on apperçoit un nombre de fibres délicates , qui naissent du centre de la principale tige, & qui montent obliquement à travers les parties intermédiaires , jusqu'à la surface extérieure de l'écorce. Elles grossissent dans cet endroit , & se repandent en descendant de chaque côté , & forment , sous l'enveloppe de la tige , la base du pétiole commun, ou de la côte du milieu de la feuille.

De-là elles montent sous la forme d'un petit faisceau serré vers l'extrêmité de la côte, & comme il n'y a point de lobe impair pour terminer la feuille, elles se terminent en une pointe couverte par les tégumens communs.

De chaque côté de cette côte du milieu, naissent les pédicules des lobes séparés : ils sont formés d'une multitude de petits vaisseaux extrêmement serrés, & enfermés dans une enveloppe qui est une continuation de l'écorce de la plante.

Il y a à la base de chaque lobe un autre faisceau de fibres qui vont aboutir à son extrêmité, & qui envoient des branches minces dans les différentes parties de la feuille.

Telle est la structure particuliere de la feuille de l'Abrus, lorsqu'après l'avoir disséquée on l'examine avec un bon microscope.

microſcope. Elle eſt conforme à celle
que j'ai décrite ci - deſſus , de même
qu'au cours ordinaire de la nature dans
ces parties , & elle ſert à expliquer le
changement qu'éprouvent les lobes dans
leur poſition , ſous les différentes in-
fluences de la lumiere.

La lumiere eſt un corps ſubtil , actif
& pénétrant ; la petiteſſe de ſes parties
fait qu'elle pénetre le corps , & ſon
mouvement eſt ſi violent qu'elle produit ſur eux les changemens les plus
étranges. Ces effets ne ſont point du-
rables , parce que les rayons qui les oc-
caſionnent ſe perdent & s'amortiſſent.

Les corps peuvent agir ſur la lumiere
ſans la toucher , parce que les rayons
ſe réfléchiſſent lorſqu'ils en approchent ;
il n'en eſt pas de même de la lumiere ;
& ſes rayons ſe perdent lorſqu'elle vient
à les toucher.

Le changement que produit la lumiere dans la poſition des feuilles des

B

plantes, est l'effet du mouvement qu'excitent les rayons dans leurs fibres ; mais il faut pour cela faire que la lumiere les touche , & dans ce cas elle s'incorpore avec le corps , & s'éteint.

SECTION V.

CE sont là les propriétés invariables de la lumiere , & en conséquence, les changemens qu'on lui attribue ayant une fois lieu, ils doivent subsister aussi long-tems qu'elle subsiste.

L'élevation des lobes de ces feuilles est l'effet des rayons qui les frappent : ceux-ci se dissipent à la vérité , mais ils sont remplacés par d'autres pendant tout le tems que l'air qui environne la plante est éclairé ; aussi voit - on qu'en plein jour les lobes restent droits , & qu'ils penchent à mesure que le jour baisse.

Ce que je dis ici est l'effet de l'action

de la lumiere & de la ſtruure des feuilles.

On a vu que les pétioles de ces lobes ſont des faiſceaux de fibres qui naiſſent du centre de la tige, qui pénetrent dans les lobes, & les ſoutiennent dans la poſition où elles ſe trouvent.

L'effet de la lumiere ſur ces fibres eſt de les ténir dans une vibration continuelle. C'eſt-là l'effet naturel de l'impulſion continuelle & de l'extinction des corpuſcules dont elle eſt compoſée, & de la nouvelle impulſion de celles qui leur ſuccedent.

Il eſt impoſſible que ces fibres ainſi ébranlés, n'éprouvent une vibration, & cette vibration eſt plus ou moins forte, ſelon que la lumiere eſt forte ou foible.

Cette vibration eſt ſimple dans les fibres détachés, mais elle varie dans les groupes qui ſont placés à la baſe de la principale côte & des pédicules des lobes.

C'eſt de l'action de la lumiere ſur ces faiſceaux de fibres que dépendent le mouvement & les différentes poſitions que les feuilles prennent , & en conſéquence ce mouvement varie , ſelon la ſtructure de ces faiſceaux.

Ils ſont épais & lâches dans l'Abrus, & de-là vient que les lobes ſont ſuſceptibles de trois poſitions différentes. Ils ſont plus compactes dans le Tamarin & la *Robine* (*a*) à larges feuilles ; ce qui fait que le mouvement de leurs feuilles ſe réduit à s'épanouir & à ſe fermer de côté , à quoi contribue la direction des fibres. Ils ſont plus petits & plus compactes dans la *Parkinſon* ; auſſi tout le mouvement de leurs lobes ſe réduit-il à s'épanouir & à ſe fermer par deſſus.

Il ſuit de-là que les effets de la lumiere varient ſelon la différence des

____

(*a*) *Robinia.*

feuilles aîlées. Elle fait dreſſer les lobes de quelques - unes , par exemple, de l'*Abrus* ; elle ouvre & dilate celles de quelques-autres , telles que celles de la *Parkinſon*.

L'impulſion de la lumiere & les vibrations qu'elle excite ſont les mêmes dans tous ces cas ; mais la direction du mouvement qu'elle produit dans les lobes dépend de la direction des fibres ; & ſa quantité dans un degré égal de lumiere , de la ſtructure de ces faiſceaux reticulés.

C'eſt de quoi l'on s'apperçoit , en examinant ces faiſceaux avec le microſcope & le mouvement des lobes. Ce mouvement eſt plus grand , à proportion qu'ils ſont plus longs & moins compactes , & moindre , dans le cas où ils ſont plus courts & plus ſerrés.

On ſçait que l'effet de la lumiere ſur les corps eſt d'exciter un mouvement de vibration dans leurs parties. La ſtructure des feuilles aîlées eſt telle, qu'elle eſt ſuſceptible de cette influence & capable de la perpétuer. Les faiſceaux fibreux ſont des eſpeces de jointures diſpoſées de maniere que les lobes qui en ſortent ſont ſuſceptibles, lorſque la lumiere les frappe, d'un certain mouvement limité.

Comme l'état de l'eau, lorſque la chaleur ceſſe d'agir ſur elle, eſt de ſe convertir en glace, de même la poſition naturelle de ces feuilles aîlées eſt de pencher. C'eſt-là leur état de repos; mais l'intention de l'Auteur de la Nature n'a point été qu'elles y reſtaſſent, parce qu'il s'oppoſe à la végétation. L'effet de la lumiere eſt cette vibration & le changement de poſition de ces lobes. C'eſt-là la doctrine que j'avance, & elle eſt confirmée par les expériences ſuivantes.

SECTION VI.

JE retirai, le 7 d'Août au soir une plante d'Abrus de sa serre, & la plaçai dans mon cabinet, dans un endroit où le jour étoit modéré, pour que le soleil n'agit point dessus.

Ce degré de lumiere est le plus égal & le plus naturel, & par conséquent le plus propre pour les premieres expériences.

Les lobes des feuilles penchoient alors perpendiculairement, & étoient fermées par-dessous.

Elles resterent dans cet état pendant la nuit, & dans un parfait repos. Demi-heure avant le point du jour, elles commencerent à s'ouvrir, & un quart d'heure après le lever du soleil, elles prirent une position horisontale, & s'épanouirent entierement. Elles pencherent long-tems avant le coucher du soleil, & à

l'entrée de la nuit, elles se renfermerent
par-deſſous.

Je tranſportai le lendemain la plante
dans une chambre qui n'étoit preſque
point éclairée. Les lobes s'ouvrirent le
matin, ſans prendre une poſition horiſontale, & elles se refermerent à l'entrée
de la nuit.

Je la plaçai le troiſieme jour ſur une
fenêtre ſituée au midi, & ſur laquelle
le ſoleil donnoit à plein. Dès le matin,
les feuilles prirent une poſition horiſontale; elles ſe redreſſerent conſidérable-
ment à neuf heures, & elles reſterent
dans cet état juſqu'au ſoir qu'elles repri-
rent peu à peu leur ſituation horiſontale, & ſe refermerent de nouveau.

Le ſoleil ne parut point le quatrieme
jour. Les lobes prirent le matin leur ſituation horiſontale, ſans ſe redreſſer, &
ſe refermerent le ſoir à leur ordinaire.

SECTION VII.

CES expériences montrent les effets des différens degrés de lumiere, & que c'est elle seule qui produit le changement en question.

L'effet d'une lumiere modérée, je veux dire celle d'un jour serein, dans un endroit où le soleil ne donne point, est de faire prendre aux feuilles une po-sition horisontale. Une lumiere plus foi-ble leur fait former en dessous un angle obtus, &, si elle est plus forte, un an-gle obtus en dessus.

Je plaçai, le cinquieme jour, la plante dans une chambre moins éclai-rée, &, sur les neuf heures, ses feuilles pencherent & formerent un angle ob-tus par-dessous. Je la transportai dans un endroit où le jour étoit plus grand, & au bout d'un quart-d'heure, elles prirent une pofition horifontale. Je la mis alors fur une fenêtre où le foleil donnoit, & les feuilles fe redrefferent, comme auparavant ; mais, l'ayant tranfportée dans la chambre, elles retomberent de nouveau. Tous ces changemens fe paffe-rent depuis neuf heures du matin jufqu'à deux heures après midi ; le tems étoit le même, & je ne fis que changer de place.

Je la tins, le fixieme jour dans un jour modéré, & fes feuilles prirent une pofition horifontale.

Je fis, le 7, ma derniere expérience.

Il me paroît que, fi la lumiere étoit la feule caufe du mouvement des feuilles & du changement que leur pofition éprouve, il feroit aifé de le produire, en plaçant la plante dans un endroit obfcur. La chofe eft aifée à faire, & il réfulteroit des principes que je viens d'établir, au cas qu'ils foient vrais, qu'on pourroit opérer ce changement à toute heure du jour. Cette expérience

prouve la justesse du raisonnement pré-
cédent. Si l'obscurité fait pencher les
feuilles, la cause de ce mouvement est
vraie ; & elle est fausse, si cela n'est pas.

C'est à quoi tout le monde est obligé
d'acquiescer. On peut révoquer en doute
les conséquences qu'on tire d'un raisonnement ; mais personne ne sçauroit nier
que nous ne connoissions la cause d'un
changement que nous sommes en état
de produire.

Le sixieme jour au soir, je plaçai ma
plante dans un rayon de ma bibliothe-
que où le soleil donnoit ; je fermai la
porte, & abandonnai le tout à la nature.
Le tems fut très-beau le lendemain. Les
feuilles, qui s'étoient fanées le soir, &
qui étoient restées dans cet état pendant
la nuit, commencerent à s'ouvrir dès le
point du jour ; elles quitterent à neuf
heures leur position horisontale , & se
redresserent à l'ordinaire.

Je fermai alors la porte de ma bibliothéque, la plante resta dans l'obscurité, & , l'ayant ouverte une heure après, je trouvai les feuilles aussi fanées qu'elles l'étoient à minuit.

Elles changerent de face dès que j'eus ouvert la porte, & elles se redresserent au bout de vingt minutes. J'ai répété plusieurs fois cette expérience, & elle m'a toujours réussi.

Il suit de là qu'il dépend de nous de procurer aux plantes cet état de repos, de faire pencher leurs feuilles, & de les redresser, en les exposant à la lumiere, ou en les tenant dans l'obscurité.

Ces expériences prouvent que la lumiere seule est la cause de ce change-ment, & nous sommes par conséquent assurés que ce qu'on appelle le *Sommeil des Plantes* n'est que l'effet de l'absence de la lumiere, & leurs états intermédiai-res, celui de ses différens degrés.

SECTION VIII.

L'EXPLICATION que je viens de donner conduit naturellement à une seconde découverte. Le mouvement de la Sensitive dont aucun Philosophe n'a découvert jusqu'ici la cause, dépend en grande partie des mêmes principes ; & son explication, qui, avant qu'on connut l'effet de la lumiere sur les feuilles des Plantes, étoit obscure, est maintenant aisée à concevoir.

La Sensitive, outre la propriété singuliere qu'elle a de fermer ses feuilles & de les ouvrir, lorsqu'on la touche, est sujette aux mêmes changemens que l'Abrus & les autres plantes dont j'ai parlé.

J'ai observé ces mouvemens naturels & accidentels dans la Sensitive commune ; mais, avant d'entrer dans le détail de ces observations, il convient d'obſerver que quelques autres plantes partagent avec la Senſitive la propriété qu'on avoit cru juſqu'à préſent qu'elle poſſédoit ſeule.

Cette propriété ſinguliere eſt l'effet du mouvement qu'éprouvent les feuilles & leurs pédicules. Les parties ne peuvent changer de poſition, qu'elles ne ſe meuvent, d'où il ſuit que l'*Abrus*, & toutes ces autres plantes ſont ſuſceptibles de mouvement.

Elles ont encore cela de commun avec la Senſitive qu'elles doivent leur mouvement à la lumiere; & la ſeule propriété qui lui eſt propre, eſt qu'elle ſe meut par une autre cauſe, je veux dire, par l'ébranlement de ſes parties.

SECTION IX.

CETTE même propriété eſt commune à quelques autres eſpeces, quoique dans un degré inférieur, & j'ai eu dernierement un Tamarin dont les feuilles ſe fermoient, lorſque je le ſecouois.

On en tranſporta un en fleur, de cinq pieds de hauteur de la pépiniere de M. Lieſe, à Sammerſmino, dans la rue de Saint - James où je loge : il étoit midi, & il avoit ſes feuilles fermées, comme elles le ſont à minuit, & dans le même état que celles de la Senſitive, lorſqu'on la touche.

Un Abrus n'éprouva aucun changement dans les mêmes circonſtances.

Je conclus de là que les parties du Tamarin ſont conſtruites de même que celles de la Senſitive; mais qu'étant moins délicates, il faut les ſecouer plus rudement pour leur faire changer de poſition.

Cette difpofition à fe mouvoir eft auffi moindre dans l'Abrus, puifque la lumiere ne produit ces effets qu'autant qu'on le fecoue.

Les plantes, qui éprouvent ce changement de la part de la lumiere, l'éprouvent auffi, quoique moins univerfellement de la part du mouvement; & toutes celles qui font fufceptibles de ce dernier, changent, lorfque la lumiere vient à leur manquer.

La lumiere donne à leurs feuilles cette pofition que le tact leur fait perdre, & fon abfence produit le même effet que le toucher, quoique d'une maniere plus foible.

La Senfitive a fes feuilles droites & épanouies à midi. Les pédicules forment un angle aigu avec la principale tige , & les deux feuilles , qui naiffent de chaque côté des premieres ou des plus baffes , font écartées l'une de l'autre. Les lobes qui compofent

celles-ci

celles-ci font au nombre de douze paires, dont la pofition eft pareillement
horifontale.

Telle eft l'apparence de la jeune plante
à midi. Vers le foir, les feuilles commencent à fe redreffer, comme dans la *Par-*
kinfon, & leurs côtes fe rapprochent. La
nuit venue, les feuilles fe ferment par le
haut, de même que celles de l'*Abrus*
par le bas; les deux côtes fe joignent,
& le pédicule qui les foutient fe fane.

Tel eft l'état de repos dans lequel la
Senfitive fe trouve naturellement tous
les foirs, & on peut le lui procurer à
midi, de même qu'à l'*Abrus*, en la met-
tant dans un endroit obfcur.

SECTION X.

Là lumiere étant, comme on vient de
voir, la caufe du changement qu'éprouve
l'*Abrus*, il s'enfuit qu'il en eft de même
de la Senfitive.

C

Il y a à la base du pédicule, qui tient à la tige principale, un faisceau de fibres, qui naissent de la partie médullaire, & qui percent les parois ligneuses de la tige.

Les fibres montent delà en droite ligne jusqu'à l'extrêmité du pédicule, d'où naissent deux feuilles, & où se trouve un autre faisceau pareil. Ces dernieres fibres rampent le long de la côte principale, & forment, de chaque côté, d'autres faisceaux à la base de chaque lobe. D'autres fibres plus déliées aboutissent à la feuille, & jettent des jets de côté & d'autre.

C'est ce qu'on découvre avec le microscope, & ce que je viens de dire, prouve non seulement que les mouvemens naturels de la Sensitive sont les mêmes que ceux de l'*Abrus* & d'autres plantes; mais encore que la structure est la même, quoique plus compliquée.

Pendant la nuit le tact ne fait aucune impreſſion ſur la Senſitive, parce que ſes feuilles ſont déja fermées de même que ſi on les avoit touchées. Elles ſe redreſſent & s'épanouiſſent pendant le jour, & c'eſt alors qu'on s'apperçoit de l'effet dont il eſt queſtion.

La lumiere développe les feuilles, ſépare les côtes & redreſſe les pédicules en y excitant un mouvement de vibration. On a vu que cet effet eſt produit dans l'*Abrus* par les faiſceaux de fibres placés à la baſe des pédicules. Comme ces faiſceaux ſont au nombre de trois dans cette plante, le même principe doit produire de plus grands effets que dans l'*Abrus* où il n'y en a qu'un.

C'eſt la vibration des parties qui fait épanouir & redreſſer les feuilles de la Senſitive, & cela par l'effet du mouvement qui ſe communique à chacune de leurs fibres. En touchant la feuille, on lui imprime un mouvement qui arrête le premier , & qui fait cesser la vibration. Les feuilles se ferment , leurs pédicules se courbent , parce que la vibration qui les tenoit ouvertes cesse tout-à-fait.

Une preuve que le mouvement de la Sensitive est occasionné par la lumiere , est que ses feuilles ne changent de position que lorsqu'elles sont entierement ouvertes. Le jeunes , lors même qu'elles ont six lignes de long , n'éprouvent aucun mouvement , quelque fort qu'on les touche.

Pour que ce mouvement se perpétue dans les feuilles qui sont en état de l'éprouver , il faut que les fibres qui sont à leurs bases aient acquis la solidité requise ; cela est évident : en effet , lorsque les jeunes feuilles sont une fois ébranlées , elles se ferment à l'instant qu'on les touche ; mais le pédicule n'éprouve cet effet qu'après qu'il a acquis plus de force. Le tact, quelque rude qu'il soit, n'agit sur le pédicule que lorsque la jeune feuille est développée; d'où il s'enfuit qu'il faut, pour que les fibres situées à la base des lobes & celles qui sont au sommet de la principale tige se meuvent, qu'elles aient acquis leur consistance.

Comme les fibres ont besoin d'une certaine solidité pour être susceptibles de mouvement & pour le transmettre, il faut aussi un concours de circonstances favorables pour les maintenir dans l'état où elles doivent être pour agir.

Le froid durcit les fibres & les rend moins susceptibles de mouvement. De-là vient que la Sensitive perd une partie de sa sensibilité lorsqu'on la tire de sa serre.

Cet exemple prouve la correspondance qu'il y a entre ce mouvement & ce que vous appellez le Sommeil des Plantes, lequel consiste à fermer leurs feuilles la nuit; car comme la Sensitive lorsqu'on la tire de sa serre, perd en partie la propriété qu'elle a de fermer ses feuilles lorsqu'on la touche ; de même le Tamarin perd celle qu'il avoit de fermer ses feuilles le soir. Cela vient probablement des sucs qui séjournent entre les fibres , & de ce que le froid resserre son écorce.

Cette communication de mouvement des lobes à la tige est moindre que celle de la tige aux lobes. La secousse la plus rude qu'on puisse donner à la plante, est de frapper sa tige ; mais elle n'influe point sur les jeunes feuilles qui ne font point encore développées.

Voici encore une chose qui prouve l'analogie qu'il y a entre l'effet d'un mouvement subit & l'absence de la lumiere. Car à mesure que celle-ci diminue naturellement le soir, ou lorsqu'on ferme les fenêtres de la chambre où est la plante, les feuilles se ferment , & leurs pédicules se renversent,

» Une obfcurité totale fait plus d'im-
preffion fur la Senfitive que le tact le
plus rude. Celui-ci ne fait que fermer
les feuilles féparées & recourber leurs
pétioles : les deux feuilles reftent écartées l'une de l'autre. L'effet de la premiere eft infiniment plus fort : les deux
feuilles fe collent & paroiffent n'en for-
former qu'une. Cela prouve que l'expan-
fion de ces parties dépend entierement
de l'effet de la lumiere ; & que , quoi
qu'on puiffe la retarder par le moyen
d'un coup violent , il n'y a que l'obfcurité qui puiffe l'empêcher

: Chacun peut faire lui-même ces expériences & les obfervations que je
viens de dire , au moyen d'un poële.
Elles font fûres & invariables , & les
conféquences qu'on en tire certaines ,
n'y ayant point d'autre caufe.

: L'effet de la lumiere eft continuel
tant qu'elle exifte. La plante dont les
feuilles fe font fermées par le choc

C iv

qu'elle à souffert , est immédiatement affectée par la lumiere dès que le jour commence à paroître , ou qu'on la tire de l'obscurité où elle étoit. Les vibrations commencent , & si le jour est dans toute sa force , l'expansion & l'élevation des feuilles sont si promptes, qu'on s'en apperçoit au bout de quelques minutes.

Une preuve que le toucher n'affecte les feuilles qu'en leur imprimant un mouvement plus grand que leur vibration interne , c'est que lorsqu'on se contente de les toucher avec le doigt sans les remuer, elles ne se ferment point, & que le contraire arrive lorsqu'on les agite.

Si on secoue le pot sans toucher la plante , les feuilles se ferment & leurs pétioles se courbent. Le vent produit le même effet.

Il paroît par-là que l'expansion des feuilles & l'élévation de leurs pétioles , dans les plantes ailées , ne sont occafionnées que par la vibration que leur caufe la lumiere, & qu'elles ne fe ferment que lorfqu'elle leur manque, ou qu'on les agite de maniere à arrêter cette vibration.

On peut rendre raifon par - là des différentes apparences qu'ont les plantes aîlées dans différens climats, & en affigner la caufe, qui n'eft autre que les différens degrés de lumiere.

Dans les pays orientaux, les feuilles font étendues, non point à caufe de la chaleur, mais parce que la lumiere y eft forte. Dans les contrées du Nord elles fe ferment, non point parce qu'il y fait froid, mais parce que le jour eft plus foible. Elles fe ferment pareillement dans les tems pluvieux, non point à caufe qu'il fait humide, mais parce que le tems eft fombre. Si elles reftent ouvertes en Egypte, c'eft moins parce qu'il n'y pleut jamais, que parce que le tems y eft toujours ferein.

Pour se convaincre de ce que j'avance, on n'a qu'à placer l'*Abrus* sur une fenêtre exposée au midi. On verra que l'expansion & l'élevation de ses feuilles sont toujours proportionnées au degré de la lumiere, qu'elles se ressentent également du beau & du mauvais tems, quoi qu'on laisse la plante dans le même endroit.

Les feuilles commencent à s'ouvrir avant que le soleil soit au dessus de l'horizon, parce que l'air est éclairé à proportion; elles commencent à se fermer avant qu'il soit couché, parce que la fenêtre étant au midi, la plante se trouve dans l'ombre que forme le bâtiment.

Dans les tems pluvieux que nous avons eu dernierement, les feuilles avoient la même apparence que dans un pays sujet aux pluies: elles ne prirent jamais une position horizontale; elles se fermerent de meilleure heure le soir, & elles s'ouvrirent plus tard le matin.

Une Senſitive qui étoit près de l'*A-brus* éprouva la même altération ; & je me ſuis convaincu par pluſieurs expé-riences, que dans ces plantes-ci, de même que dans les autres, le degré d'élevation & d'expanſion des feuilles eſt exactement proportionné au degré de la lumiere, & qu'elles en dépendent entierement.

Après que la Senſitive a été pendant quelques jours hors de la ſerre, & qu'elle a perdu une partie de ſa ſenſibi-lité, on peut la toucher à pluſieurs re-priſes, ſans que ſes feuilles ſe retirent ; mais pour peu qu'on frappe deſſus, elles ſe ferment à l'inſtant.

On peut également déterminer par ce moyen l'étendue & les progrès du mouvement, ſelon la force qui le cauſe. On ſçait, par exemple, qu'un coup lé-ger n'agit que ſur les lobes qu'on tou-che, & qu'un plus fort agit ſur les lo-bes oppoſés & ſur toute la plante.

Comme la ſtructure des plantes eſt la même, & que le même agent exiſte par-tout, toutes leurs feuilles doivent avoir la même propriété, quoique dans diffé-rens degrés, ſuivant la ſtructure de leurs parties. L'obſervation confirme, dans ce cas-ci & dans les précédens, les prin-cipes que j'ai établis. Cette évidence, il eſt vrai, eſt plus grande dans les unes que dans les autres; mais j'ai trouvé, après un mûr examen, que tous les arbres & toutes les plantes ſont ſou miſes à la même loi.

SECTION XI.

Pour que les curieux, qui voudront faire les expériences qu'on vient de voir, ne trouvent aucune difficulté, je vais leur indiquer les plantes & les inſtru-mens dont je me ſuis ſervi.

C'eſt M. Lec qui m'a procuré l'A-brus, la Senſitive & le Tamarin.

[45]

Je me suis servi des microscopes de
M. Caff.

L'Abrus étoit en fleur, & avoit deux
pieds & demi de hauteur ; le Tamarin
étoit un peu plus grand ; la Sensitive
étoit jeune, & n'avoit que deux feuilles
ailées sur chaque pétiole.

Une pareille plante est plus aisée à
manier, & delà vient que je l'ai choisie
par préférence ; mais les mêmes expériences réussissent également sur celles
qui sont plus grandes.

Je les ai tenues sur une fenêtre exposée au midi, & je ne les en ai tirées
que pour faire mes expériences.

L'Abrus se conserve parfaitement dans
cette saison de l'année, étant placé,
comme je viens de le dire, & l'on peut
garder la Sensitive quinze jours ou trois
semaines, quoiqu'elle soit plus délicate
que l'autre.

L'appareil pour les expériences, in-
dépendamment du microscope, consiste

en un canif & un petit ais couvert de liege, de six pouces de long sur trois de large.

Pour suivre la direction des fibres, & voir distinctement les faisceaux qu'elles forment, il faut arracher une feuille d'Abrus, en la tirant en bas, pour conserver les fibres qui se trouvent à sa base.

On la pose à plat sur le liege, & on l'arrête avec une petite épingle plantée dans la côte du milieu, au-dessus de l'endroit d'où sort la premiere paire de lobes.

Il faut avoir une bougie qui éclaire bien, la main sûre & un canif bien pointu.

On s'en sert pour fendre la côte du milieu, à commencer de l'endroit où s'inferent les premiers lobes, jusqu'à sa base.

L'objet n'est point trop petit, ni pour la main, ni pour les yeux, & par conséquent on peut se passer de loupes.

On verra par ce moyen le faisceau de fibres, qui est à la base de la principale tige, coupé en deux, suivant la division de la tige, de même que leur direction & leur entrelacement.

C'est-là la premiere expérience, & il est heureux qu'on puisse voir leur structure sans difficulté, parce qu'elle facilite la connoissance du reste, dont l'examen est plus épineux.

On verra la direction des fibres & leur réunion à la base des lobes, en fendant un peu plus la tige; mais, comme la chose n'est pas aisée, j'ai coutume d'enlever le haut & le bas de la feuille, & de ne laisser que le morceau où sont les deux lobes, & de le couper à travers le centre de leurs bases.

Cette opération demande de l'attention & de la dextérité; mais on peut toujours réussir, lorsqu'on le veut.

On voit à la base de chaque lobe un réseau tout-à-fait semblable au premier,

mais plus délicat, dont les fibres s'étendent en droite ligne le long de la côte
du milieu, de même que celles du premier s'étendent le long du pétiole.

On apperçoit alors les fibres en queftion & le réfeau régulier qu'elles forment. Le fait eft certain ; mais, pour
mieux connoître la ftructure dont ce
mouvement dépend, il faut les féparer
de la matiere qui les environne, & les
examiner dans l'eau avec un microfcope
double.

Voici la maniere dont on doit opérer.
Arrachez une feuille d'Abrus, comme j'ai dit ci-deffus, & coupez-là en
deux ou trois morceaux, de façon qu'il
refte deux lobes à chacun. Fendez le pétiole à fa bafe, enfuite à travers chaque
nœud les bafes de deux lobes & la côte
du milieu de chacun par le centre.

Coupez les extrêmités des lobes, &
mettez-en un certain nombre dans une
écuelle pleine d'eau, avec quelque
chofe

chofe de pefant deffus pour les affu-
jettir.

Il faut les laiffer deux ou trois jours
dans cet état, felon que le tems eft plus
ou moins chaud, & enfuite les preffer
contre le fond de l'écuelle avec un morceau de mouffeline attaché au bout d'une
lame ou telle autre chofe femblable.

Cette opération doit fe faire légere-
ment & à plufieurs reprifes. On déta-
chera par ce moyen la matiere qui les
environne, fans que leur tiffu en fouf-
fre. On les remettra dans de l'eau fraî-
che, où on les laiffera cinq à fix heures, pour leur donner le tems de fe
gonfler & de reprendre leur premiere
difpofition. Prenant enfuite un microfcope double, on découvrira la direction de leurs fibres dans leur état fimple
& compliqué, de même que le mécha-
nifme du mouvement des feuilles.

L'opération eft la même pour la Senfitive. On arrachera le pétiole qui fou-

tient les deux feuilles , & on les atta-
chera avec des épingles fur le morceau
de liege. On fendra enfuite la bafe du
pétiole avec un canif, la bafe de chaque feuille qui eft au haut , & enfin la
bafe de chaque lobe. La ftructure de
cette partie eft très-vifible, parce qu'elle
fe gonfle confidérablement , & elle
paroît être une efpece de charniere
qui fert à faciliter le mouvement.

L'état de ces faifceaux fibreux , après
qu'on a ouvert le pétiole , eft plus ou
moins vifible felon l'âge de la plante ;
la place de la feuille & le degré de
nourriture que la plante a reçu ; il eft
très-diftinct dans une feuille prife dans
la partie inférieure d'une jeune plante ,
mais non pas celle qui eft la plus près
de la terre. De même , on voit beaucoup mieux la ftructure des fibres fituées
à la bafe des lobes de la feconde paire ,
à compter du pied de la tige.

Ces avis font utiles à ceux qui ne

[51]

veulent pas se donner la peine de net-
toyer les parties dans l'eau ; & en les
suivant ils découvriront facilement leur
structure.

Je suis avec beaucoup de respect,

Monsieur,

Votre très - humble &
très-obéissant serviteur,
Jean HILL.

Londres, le 7 Septembre 1753.

TABLE

Des Sections & des matieres qu'elles contiennent

Fin de la Table.